簡單。天然。純素。

點心共和國

郭莉蓁 著　周禎和 攝影

DESSERT REPUBLIC

〔自序〕

一圓點心夢

　　我從小對做點心深感興趣，即使簡單如烤蛋糕也常常屢試屢敗，但卻絲毫不減製作點心的熱情。雖然我如此喜歡做點心，但是從單純的興趣發展為專業工作，中間的圓夢歲月卻是十分漫長的。

　　就讀二專時，所學的是食品營養，讓我有機會認識營養素與食物的特性，也就此奠定日後點心創作的理論基礎。從學校畢業後，初期仍隨著學校老師繼續從事研究工作，後來才轉往生物科技公司服務。多年的研究室工作經驗，培養出我更深刻的研究概念，明白人類的渺小，人對萬物的了解，真的微乎其微，但這也讓我對身旁的種種日常事物，產生更大的好奇，並且希望接觸更多廣大未知的世界。

　　因此，我每年總會安排一次出國旅遊，由於習慣臨時起意，不做任何計畫，常常是背起背包，買了機票，就出發了。在旅遊的過程裡，我最喜歡逛各地的傳統市場、市集和吃小吃，因為從中可以看到不同國家的飲食文化與生活方式。後來我參加專業的烹飪課程，也開始研究不同國家文化點心的製作方式與技巧。

　　經營一家咖啡店是許多人的夢想，不論是在臺灣、中國、印度、峇里島……，總不時有朋友希望借重我的開店經驗，與我一起開店圓夢。但是實際上，開店並不是一件浪漫的事，每天都要面對店租、食材費、員工薪資……等龐大壓力，而且管理工作也不輕鬆，總有意想不到的事要應變，不同的時空，更有不同食材特性得克服的問題，甚至讓過去的努力化為烏有，一切都得重新來過。為尋找特色食材與設計創意點心，我不僅絞盡腦汁，也耗盡體力。

　　在試做的過程裡，我有時會帶著新開發的點心，請法鼓文化的編輯朋友試吃，

想不到有一天，朋友問我有沒有興趣撰寫一本無蛋、奶成分的純素點心食譜？我喜歡研發各種創意料理，但是純素點心食譜的高難度挑戰，對我來說還真是前所未見。

在編輯建議的幾個點心提案當中，我挑選了最困難、最具挑戰，卻也最有趣的「世界茶點」，原因沒有別的，因為我不但真的很喜歡旅行與美食，更喜歡研究不同國度的飲食文化如何與臺灣本土食材、中華料理方法做變化交流。例如在研究純素食材時，便讓我認識了像「大豆蛋白」❶這樣神奇食品的存在，它的化學性和物理性都很特別，也讓我產生很深的感慨，一直以為它的特質應該是不難掌握的，結

果實際使用後，才發現它會因為每分每秒的變化，產生不同的結果，所以要把握料理的時間。

本書為強調愛惜食材及新鮮食用，設計食用的份量都以二至三人的小份量為主。為讓大家可以使用容易取得的家常食材，環保惜福，所以特別將一般家庭容易遺忘的常備健康食品，像是五穀粉、杏仁粉……等多穀物的各種粉類製作成點心。因此，在使用本書時，不必太過於拘泥細節，冰箱有什麼食材就盡量使用，無須特別另外購買，例如五穀雜糧芋頭糕，如果沒有五穀粉，想改用黑豆粉或是無糖薏仁粉也都是可以的，只

要物性相似，就可以給自己一個實驗的小空間，試試自己的創意。

　　希望讓我們所認為一成不變的點心，能用意想不到的方式嶄新呈現，誰說只有用雞蛋才能做可口的蛋糕呢？誰說要做鬆餅只能使用鬆餅粉呢？誰說沒去過歐洲，就吃不到夢幻的歐風甜品？誰說沒去過西藏，就體會不到幸福的香格里拉？讓我們一起打破自我設限的框框，用更寬廣的心去看待人、看待世界、看待飲食，不一定非要走A路線才能抵達終點，只要願意用心找找看，或許改走B或C的路線也能抵達終點，甚至還有更美麗的風景在等待著我們！

　　要實現人生的所有夢想是困難的事，就像要環遊世界一樣。但是在一張小小的餐桌上，只要心懷點心夢，就可以在餐桌上實現飽嘗世界點心的心願。世界不大，世界各國的點心料理就在我們雙手間自由變化。

　　既然佛法說「一花一世界，一葉一如來」，誰能說我們的點心世界不是「一點心一世界，一茶一如來」呢？

郭莉蓁

---

❶：大豆蛋白是黃豆經由磨漿、分離過濾等現代化技術，最後以噴霧乾燥所取得，和素蛋糕粉大為不同。素蛋糕粉是取自乳清蛋白，大豆蛋白的效果和素蛋糕粉有所不同。食用大豆蛋白有許多益處，降低總膽固醇和減少心血管疾病的發生。本書所使用的大豆蛋白購買自素食材料店，通常是一袋600公克。書中所提到的大豆蛋白糊，都是以1：10的比例調水後的重量，例如食譜材料標識「大豆蛋白糊33公克」，即是以「大豆蛋白3公克、水30公克」調製完成。

Contents

POST CARD

This side for address

Place
One Cent
Stamp
Here

China
Dessert

Legendary China 一 傳奇的中國

香蕉發糕

在準備點心證照考試，學習傳統的中式發糕時，心中總是有疑問：
「為什麼不可以像外國的蛋糕一樣加入水果，讓發糕更好吃呢？」
心想很多人都愛吃香蕉蛋糕，是不是可以也試做香蕉口味的發糕，這就是香蕉發糕的發想緣起。
希望大家都能做出漂亮的發糕，擁有「一路發」的好運！

●● 材料

香蕉　100公克 ／ 低筋麵粉　250公克
砂糖　100公克 ／ 泡打粉　6公克

●● 做法

1 用180公克水溶解砂糖，再將香蕉壓成泥，加入糖水中，攪拌均勻，備用。

2 低筋麵粉以篩網過篩後，加入香蕉泥裡，攪拌至略有黏稠度後，加入泡打粉拌勻。

3 將麵糊倒入紙模，移入蒸鍋，以大火蒸30分鐘即可。

（美·味·絕·招）

● 低筋麵粉容易結塊，因此使用前要過篩，以免攪拌不均勻。
● 要選購熟透軟爛的香蕉，否則酸味會過重，也不易壓成泥。
● 砂糖要先在水中溶解，以免食用時吃到糖的顆粒。
● 裝麵糊的容器，用紙模或碗皆可。需依容器大小，增減蒸煮的時間。

01
Dessert / China

雪花糕

雪花糕是阿媽時代的古典美食，製作方法正在慢慢失傳當中。
古法製作需要先做發酵糖，並經過磨粉、打粉……等複雜程序，
歷時數日，非一般家庭能製作，
為讓大家在家裡也可以輕鬆享受到這樣的美味，因此改為簡便的方法。
如果杏仁油不易取得，也可以改用家中的沙拉油製作，
但要留意不能有油耗味，以免讓雪花糕產生難聞的氣味。
杏仁含有豐富的單元不飽和脂肪酸、營養素與微量元素，
其中維生素E含量是其他堅果類的10倍以上，對身體極有益處。

● ● 材 料

杏仁粉　200公克 ／ 杏仁油　30公克 ／ 果糖糖漿　60公克
糖粉　150公克 ／ 核桃碎粒　10公克

● ● 做 法

1 杏仁粉加入糖粉攪拌均勻。

2 杏仁油加入果糖糖漿攪拌均勻。

3 將做法1加入做法2，用手搓揉均勻（不是成糰），用粗篩網過篩
　至模具中。

4 在表層鋪上核桃碎粒後，將平鋪的食材壓緊。

5 放入蒸鍋中，以小火略蒸3至5分鐘，使之定型。

6 放涼後，從模具中倒扣取出，切割為小塊即可。

美·味·絕·招

● 除了杏仁粉外，薏仁粉、五穀粉也都可以拿來製作不同的傳統糕點，會
　帶來不同的口感與風味。

● 蒸的目的只是定型，不蒸亦可，因為食材都是熟的。蒸的時候，要小心
　不能滴到水，必須維持食材的乾燥。

● 核桃如果在冰箱冷藏過久，取出壓碎後，可以用200℃烤箱略烤約1至2
　分鐘，待產生香味即可取出。

絲瓜湯包

絲瓜湯包不但熱量低,而且營養,非常適合喜歡美食又害怕肥胖的人。

為什麼餡料要添加凍豆腐呢?因為這樣可以產生體積,讓蒸熟的湯包不會塌扁,而且也不會搶了絲瓜的甜味。添加凍豆腐的小技巧十分好用,可以用來變化不同口味的湯包,只要將絲瓜換成其他的蔬菜即可。

●● 材 料

【麵皮】

中筋麵粉 100公克 ／ 鹽 2公克

【餡料】

絲瓜 1條 ／ 凍豆腐 1塊 ／ 洋菜粉 3公克 ／ 素高湯 300公克
薑末 20公克 ／ 鹽 少許 ／ 白胡椒粉 少許 ／ 香油 少許

●● 做 法

1 絲瓜洗淨削皮,除去絲瓜囊後,切丁,絲瓜囊勿丟棄,保留備用;凍豆腐切丁。

2 把鍋燒熱,倒入2大匙沙拉油,爆香薑末後,加入一半的絲瓜丁及絲瓜囊略炒,再加入素高湯,以小火繼續略煮5分鐘。

3 絲瓜湯裡加入洋菜粉,煮溶洋菜粉後,加入凍豆腐丁與另一半的絲瓜丁繼續煮2分鐘,灑上白胡椒粉,即可起鍋,放涼。

4 將放涼的絲瓜餡料,移入冰箱冷藏2小時。

5 中筋麵粉以鹽略拌,加入30公克熱水拌勻,再加入適量的冷水,將麵糰的軟度調整到耳垂的軟度,搓揉至三光。

6 取出冷藏的絲瓜凍,以叉子攪拌至呈現粗顆粒後即可,不需壓得太碎,最後再灑上少許香油。

7 分割麵糰,每個15公克。

8 將分割好的麵糰壓扁,擀成圓形麵皮,包入絲瓜凍餡料,靜置10分鐘。

9 把湯包放入鋪好點心紙的蒸鍋內,中大火蒸約15至20分鐘即可。

美·味·絕·招

● 洋菜粉要煮到溶解,冷卻後要能凝固。不同品牌的洋菜粉,使用比例會稍微不同。

● 取出部分絲瓜囊,加入高湯中熬煮,並取一半的絲瓜肉放到高湯中同煮,可以使湯汁充滿絲瓜的甜味。

● 絲瓜湯再加入剩下的另一半絲瓜肉的目的,是希望可以營造出爽脆的口感,但份量不可過多,以免影響餡料的體積。

● 三光是指手光、盆光、麵糰光,麵糰要揉到不會黏手、不會黏鋼盆,而且麵糰表面光滑。

● 麵粉的品質不同,吃水量就會不同,因此要適量加減水分,將麵糰調整到如耳垂般柔軟。

03
Dessert / China

水果淋餅

- 麵糊需靜置鬆弛，不然口感
  會沒有彈性，也不夠鬆軟，
  更不易煎熟。
- 煎淋餅時，火候不可太大，
  以免燒焦。
- 可依狀況添加適量的水，使
  麵糊有流動性，不致過稠。

●● 材料

【麵皮】

中筋麵粉 100公克 ／ 樹薯粉 5公克 ／ 大豆蛋白糊 40公克
鹽 2公克 ／ 砂糖 30公克

【餡料】

糖漬水果適量

●● 做法

1 大豆蛋白糊加入鹽、砂糖和70公克水一起攪拌均勻。

2 再加入中筋麵粉和樹薯粉攪拌均勻，做成麵糊，靜置20分鐘。

3 取一平底鍋，開小火，用餐巾紙在鍋底抹上一層沙拉油，倒入一
  杓（約50公克）的麵糊，輕輕搖動鍋子，使之成薄片狀，煎熟即
  可起鍋。

4 將糖漬水果包入餅內，即可食用。

燒賣

美·味·絕·招

● 由於內餡已熟，所以不需要蒸太久。

● 讓麵糰鬆弛的靜置過程，麵糰要放入倒扣的容器內或是蓋上保鮮膜。靜置麵糰的用意，是要讓麵糰有適度的時間休息與鬆弛，才容易擀開。

● ● 材 料

【麵皮】
中筋麵粉　100公克

【餡料】
圓糯米 120公克 ／ 南瓜 80公克 ／ 蘿蔔乾 20公克 ／ 豌豆仁 10公克
乾香菇 20公克 ／ 醬油 少許 ／ 鹽 少許 ／ 白胡椒粉 少許 ／ 香油 少許

● ● 做 法

1 圓糯米洗淨，用120公克的水浸泡1小時；南瓜洗淨，削皮去子，切薄片鋪在圓糯米水上，一同放入電鍋中蒸熟。

2 乾香菇泡軟，切成0.3公分小丁；蘿蔔乾洗淨，切成0.3公分小丁。

3 把鍋燒熱，倒入1大匙沙拉油，爆香香菇丁、蘿蔔乾丁後，加入南瓜片和圓糯米拌炒，以醬油、鹽、白胡椒粉調味，滴入香油，即可起鍋。

4 中筋麵粉加入50公克熱水略拌，再加入15公克冷水，將麵糰的軟度調整到耳垂的軟度，搓揉至三光，放入倒扣的容器內，靜置1小時。

5 分割麵糰，每個10公克。

6 將麵糰擀平，包入炒熟的餡料，上面點綴一小顆豌豆仁，放入鋪好點心紙的蒸鍋內，以中大火蒸約5至10分鐘即可。

06

水梨冰糖白木耳湯

滋補身體不一定要花大錢，很多日常的天然食材營養成分，
並不遜於百貨公司的高價補品，
例如傳統的天然補品白木耳，不但是優質的植物性膠原蛋白，
而且物美價廉、做法簡便。
飲用白木耳湯，可以讓人的氣色變佳，是健康天然的養身飲品。

●● 材 料

水梨　1個（約450公克）　／　白木耳　10公克　／　冰糖　10公克
枸杞　10公克

●● 做 法

1 白木耳泡開，除去硬蒂；枸杞泡開；水梨洗淨，削皮去子，備用。

2 取一鍋，加入白木耳、300公克水，以大火煮滾，轉小火再煮2小時至軟滑，起鍋。

3 將白木耳湯加入冰糖、水梨，放入果汁機攪打，再放回鍋中煮滾。

4 加入枸杞，即可起鍋。

美·味·絕·招

● 白木耳泡水膨脹後，要切除較硬的蒂頭，才不會讓口感變差。
● 枸杞不需要太早泡水，以免久泡後，味道會變淡。

老薑黑糖糕

我最愛吃的兩種澎湖點心是鹹酥餅和黑糖糕。
雖然臺灣本島也有很多麵包店在製作黑糖糕，
但不知道為什麼，總覺得沒有澎湖的黑糖糕好吃，
也許是因為缺乏澎湖黑糖糕的彈牙口感。
為了讓黑糖糕具有此口感，特別調整黑糖糕的配方，
以樹薯粉取代部分麵粉，並添加具有活血功效的老薑，
除了增添香氣，也更加健康養身。

●●● 材 料

老薑 6公克 ／ 黑糖 70公克 ／ 樹薯粉 30公克
低筋麵粉 120公克 ／ 泡打粉 3公克 ／ 白芝麻 10公克

●● ● 做 法

1 老薑洗淨，切片。

2 取一鍋，放入老薑和140公克水，以大火煮滾後，改以中火熬煮
　至出味，加入黑糖攪拌，待黑糖完全溶解，撈出老薑，關火。

3 將樹薯粉、低筋麵粉和泡打粉一起以篩網過篩，加入黑糖薑水輕
　輕攪拌均勻，填入模具（容量要大於400公克），靜置20分鐘。

4 將模具放入蒸鍋，以中小火蒸25至30分鐘，即可起鍋，撒上白芝
　麻便完成。

美·味·絕·招

● 老薑削不削皮皆可，不削皮時需將外皮刷洗乾淨。如果喜歡老薑的辣
　味，可以自行增加老薑用量。
● 使用樹薯粉的目的是為增加彈性。

五穀雜糧芋頭糕

蘿蔔糕與芋頭糕都是很多人喜愛的傳統美食，
但是纖維素不高，不易幫助胃腸蠕動，為了改進這個問題，
增加了大燕麥片、五穀粉等高纖穀物，以平衡營養。
食材添加碎蘿蔔乾，則是為了變化芋頭糕的口感和香氣。

● ● 材 料

芋頭簽 100公克 ／ 在來米粉 125公克 ／ 五穀粉 80公克

大燕麥片 20公克 ／ 乾香菇 15公克 ／ 薑末 10公克

碎蘿蔔乾 20公克 ／ 砂糖 10公克 ／ 鹽 5公克

香油 5公克 ／ 白胡椒粉 少許

● ● 做 法

1 乾香菇泡軟，切絲，備用。

2 把鍋燒熱，倒入2大匙沙拉油，爆香薑末、香菇絲、碎蘿蔔乾，
  加入芋頭簽略為拌炒，再加入250公克的水，煮至芋頭簽略熟，
  即可起鍋。

3 將做法2倒入在來米粉中，加入五穀粉、大燕麥片，以砂糖、
  鹽、香油、白胡椒粉調味。

4 取一鍋，將400公克水煮至60℃，將煮好的熱水沖入做法3，攪
  拌均勻成漿。

5 將漿汁倒入模具中鋪平，再放入鍋中，以中大火蒸煮35至40分
  鐘，取出放涼即可。

美·味·絕·招

● 芋頭簽是將芋頭去皮後，削成粗條。如果想要有更濃郁的芋頭味，可將
  芋頭切得略粗些，並加入更多的水量，煮熟後，再拌入在來米粉。

● 選購可即沖即食的大燕麥片即可。

● 如果使用家中一般的鍋子當模具，可以在鍋內抹一層薄油，使用鋁箔模
  則不需要。

● 做法3所沖入的熱水不需太高溫，否則漿汁會結塊，無法呈現濃稠糊
  狀；如果熱水的熱度不夠，可再加熱攪拌至濃稠狀，再填入模具中。

● 漿汁表面整型可用湯匙沾水，把表面抹平即可。

POST CARD

This side for address

Place
One Cent
Stamp
Here

Sweet Japan 二 甜美的日本

番薯餅

我從小就愛吃番薯,每次和外婆在家,只要一聽到賣烤番薯的聲音,
就會一起急急忙忙跑到街上買番薯,
因此熱騰騰且香甜的番薯在我的童年記憶中,留下了深刻的美好印象。
日本的飲食文化和臺灣非常相近,誰影響誰並不重要,重要的是大家都喜愛它。

●● 材 料

【麵皮】

低筋麵粉 100公克 ╱ 砂糖 50公克 ╱ 大豆蛋白糊 45公克
蜂蜜 20公克 ╱ 泡打粉 1公克 ╱ 無酒精味酥 少許

【餡料】

番薯 420公克 ╱ 橄欖油 35公克 ╱ 砂糖 85公克

●● 做 法

1 大豆蛋白糊加入砂糖、蜂蜜攪打至濃稠。

2 低筋麵粉加入泡打粉一起以篩網過篩,拌入大豆蛋白糊中,輕輕
拌勻成糰,靜置30分鐘。

3 番薯烤熟,去皮,放到鍋中壓成泥,開小小火,翻炒至香。

4 將番薯泥加入橄欖油和砂糖一同拌炒至砂糖溶解,讓餡料成糰。

5 分割麵糰,每個15公克。

6 分割內餡,每個30公克。

7 將分割好的麵糰壓扁,擀成麵皮,將餡料輕輕包入麵皮。

8 放入預熱過的烤箱,以180℃焙烤25分鐘。

9 取出前10分鐘,可以刷些許無酒精味酥於表面,增加風味與色澤。

美・味・絕・招

● 番薯餡料要炒乾一些。為考慮健康,因此未加入太多的油脂。在餡料未
炒乾前加入油和糖,會不易炒乾,需要多一些耐心。

● 餡料如果水分過高,會使成品變得黏呼呼的。餡料大約需炒1個小時左
右,如果沒時間炒番薯餡,可以改買現成的豆沙餡。如果餡料不能成
糰,可以添加5％的沙拉油攪拌,使其成糰。

● 由於麵皮比較沒有延展性,所以包餡之前,要先把它壓得稍大一些,但
也不要過大,以免剩下一大糰的麵皮在底部,削減了美味。

● 如果對使用味酥有所顧忌,擔心發酵性的食品含有酒精,也可以改用蜂
蜜水(蜂蜜:水=1:3)代替。

02
Dessert / Japan

銅鑼燒

一聽到「銅鑼燒」，是否就想起可愛的「小叮噹（哆啦A夢）」呢？
其實在我小時候，並不曾吃過這樣的點心，
但是每每看到卡通影片中的小叮噹快樂地大口吃著銅鑼燒，就會幻想那該是何等的美味。
當發生不愉快或不順利的事時，我常常會想：「如果小叮噹可以在我身邊，該有多好！
我願意想辦法找很多的銅鑼燒給他吃。」

●● 材 料

【麵皮】
大豆蛋白糊　66公克 ／ 砂糖　60公克 ／ 蜂蜜　10公克
無酒精味醂　10公克 ／ 低筋麵粉　50公克 ／ 高筋麵粉　25公克
小蘇打粉　1公克 ／ 泡打粉　1公克

【餡料】
紅豆粒餡　100公克

●● 做 法

1 大豆蛋白糊加入砂糖、蜂蜜、無酒精味醂攪打至濃稠。

2 低筋麵粉、高筋麵粉、小蘇打粉和泡打粉一起過篩後，拌入做法
　1中，輕輕攪拌均勻，靜置1小時。

3 取一平底鍋，開小火，用餐巾紙在鍋底抹上一層沙拉油後，倒入
　一杓（約30公克）的麵糊，使之自然流動成直徑約10公分大小的
　圓形，煎熟雙面即可起鍋。

4 包入紅豆粒餡，即可食用。

美·味·絕·招

● 在鍋內調整麵糊時，要調出良好的流動性，萬一麵糊無法流動，餅皮就
　會太厚，不容易煎熟，口感也會比較硬。

● 煎烤餅皮時要用小火，以免燒焦。

● 由於餅皮只能翻面一次，所以要等煎至表面呈現小蜂窩狀，且略乾時，
　才可以翻面。

● 這道無蛋點心和含蛋點心的差別在於彈性度上，無蛋的麵糊彈性沒有加
　蛋的彈性來得好，喜歡口感有嚼勁的朋友，麵粉比例可以改成一半高筋
　麵粉、一半低筋麵粉。

● 紅豆餡有兩種：紅豆沙與紅豆粒餡，其中紅豆沙又分含油、不含油，銅
　鑼燒建議使用大顆粒紅豆粒餡會比較有口感。

關東饅頭

在學習日本點心做法時，我常對日本人的創造力感到驚訝，
竟然能做出像關東饅頭如此低熱量的點心。
第一次品嘗關東饅頭的滋味，發現如果不搭配茶，會甜膩到難以下嚥。
直到靜下心來，小小口品嘗，才吃出蜂蜜的香甜和豆沙的美味，
原來這樣的美食，還需要融入禪心，才能夠品味出它的美味所在。

● ● 材 料

【麵皮】

大豆蛋白糊　60公克 ／ 砂糖　50公克 ／ 蜂蜜　8公克
小蘇打粉　1公克 ／ 低筋麵粉　150公克 ／ 泡打粉　2公克
無酒精味醂　少許

【餡料】

紅豆沙餡　750公克

● ● 做 法

1 大豆蛋白糊加入砂糖、蜂蜜拌勻。

2 低筋麵粉加入小蘇打粉、泡打粉一起以篩網過篩。

3 將做法1和做法2輕輕攪拌，再加入適量的水調整軟硬度，使之成糰，置放於倒扣的容器內，靜置30分鐘。

4 分割紅豆沙餡，每個30公克。

5 分割麵糰，每個15公克。

6 將分割好的麵糰壓扁，擀成麵皮，將紅豆沙餡輕輕包入麵皮中。

7 放入烤箱前，先在每個麵皮表面刷上無酒精味醂，使其呈現美麗色澤，再放入預熱過的烤箱，以180℃焙烤25分鐘。

美·味·絕·招

● 在包餡的時候，可能會有點挫折感，因為饅頭的皮需要做得很薄，而餡料卻多到難以包餡。請勿用力擠壓餡料，以免無法形成皮薄餡多的美味，要以輕推填充的方式包餡。只要多練習幾次，一定可以成功的。

● 砂糖可以更改成棉糖，會使麵糰更具凝聚力，口感也較不甜膩。糖粉的製程除了將砂糖打散之外，為了讓它不容易結塊，通常會再添加澱粉。而在砂糖、棉糖和糖粉這三者中，以砂糖的甜度最高，但凝聚力不如棉糖。

● 饅頭剛烤好時，表面會有些硬，只要放置一個晚上，餅皮就會變軟了。

五平燒

五平燒又稱五平餅，為日本岐阜縣的平民點心，是一種烤年糕。
大部分的五平燒都是使用糯米做成的，因此口感會比較有彈性，吃起來像烤麻糬。
這裡改用家裡吃剩的白飯製作，一方面是避免浪費食物，
另一方面是希望讓大家以簡單的材料做法，就能享受到日本美食。
烘烤的時候，溫度要高一些，原因是「表面要酥脆，內部要柔軟」，
才是正統的五平燒。

●● 材 料

白飯　250 公克

【 醬料 】
芝麻醬　15公克 ／ 味噌醬　20公克 ／ 醬油　10公克
砂糖　15公克

●● 做 法

1 將白飯放到塑膠袋中，以擀麵棍或食物調理機攪打至看不到完整
　米粒為止。

2 將做法1包在冰棒棍上，略為壓扁。

3 將所有的醬料加適量水攪拌均勻。

4 將做法3塗上醬料，放入預熱過的烤箱，以220℃焙烤15至20分
　鐘，聞到香味且上色即可。

美·味·絕·招

● 如果喜歡味道重一些，可於烘烤中間取出，再塗抹一次醬料。
● 食用前，可以灑些海苔粉，看起來會更加美味。

薑汁熱麻糬

有些人誤以為薑黃粉是用薑磨成的粉，其實薑黃是一種植物的地下莖，
常運用在咖哩中，日本人又稱它為「鬱金」。
薑黃粉對身體有良好的保健效果。
薑汁熱麻糬是非常適合女性的點心，
尤其是在生理期間，吃這道點心，會讓身體感覺暖和舒服。

●● 材料

糯米粉 100公克 ／ 薑黃粉 5公克 ／ 薑汁 50公克
黑糖 50公克 ／ 砂糖 50公克 ／ 花生粉 適量

●● 做法

1 糯米粉加入薑黃粉一起沖入80公克熱水，拌勻成糰。

2 糯米糰加入約5公克的沙拉油，搓揉成小糰，搓圓後壓扁。

3 將糯米糰放入滾水中燙熟。

4 砂糖放入乾鍋中，開小火加熱至有香味後，加入黑糖略為拌炒。

5 加入薑汁和600公克冷水，以大火煮滾。

6 加入糯米糰煮到略呈透明，即可起鍋。

7 灑上花生粉，即可食用。

美·味·絕·招

● 沖入糯米粉的水最好是滾燙的，攪拌時要戴隔熱手套扶著鍋子，以免燙
傷。

● 砂糖變成焦糖時，會產生香氣，要立即放入黑糖，略拌一下，就要快速
倒入水，終止繼續焦糖化，否則焦味會過重。

● 喜歡抹茶的朋友，可以在完成時，撒上一點點抹茶粉做裝飾。

06

Dessert / Japan

亞麻子餅乾

日本的洋菓子常會將多種健康食材，做成美味健康的養生點心。
這些靈活運用東西方健康食材的做法，常常可以激發出我設計點心的創意。
亞麻子含有豐富的不飽和脂肪酸，香氣非常迷人，
同時也有助於胃腸的蠕動。

●● 材 料

大豆蛋白糊 10公克 ／ 無糖豆漿 10公克 ／ 低筋麵粉 80公克
砂糖 30公克 ／ 植物性奶油 30公克 ／ 亞麻子粉 10公克

●● 做 法

1 將植物性奶油加入砂糖打發。

2 再加入大豆蛋白糊和無糖豆漿攪拌均勻。

3 拌入以篩網過篩的低筋麵粉，加入亞麻子粉輕輕拌勻即可。

4 將麵糰整型成長條，包上保鮮膜，移入冰箱冷藏1小時，再取出切片。

5 將切片放入預熱過的烤箱，以180℃焙烤20分鐘，至表面金黃即可。

美·味·絕·招

● 打發植物性奶油的目的，是為包裹入空氣，讓口感細緻，打發要打至顏色發白為止。

● 餅乾吃起來口感會有點偏硬，這是因為所用的油脂不多，如果想更酥鬆一些，再多添加約20公克的植物性奶油即可。

● 麵糰不要過度搓揉，要有足夠的鬆弛時間，不然餅乾的口感會不夠酥。

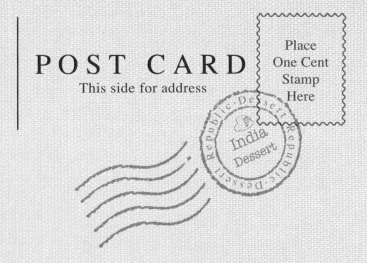

POST CARD

This side for address

Place
One Cent
Stamp
Here

Mysterious India 三 神祕的印度

三角餅

在印度旅行時，經常好奇地觀察當地人的日常飲食都吃些什麼，
最常看到的除了薄餅之外，就是這道可愛的小三角餅，
或許是因為很少見到這樣形狀和色調搭配的食物，也或許正因小小的外型分外討喜，
因此我對它總是沒有任何抵抗力，忍不住一口接一口地吃。
三角餅的外皮香香酥酥，裡面包著馬鈴薯泥或其他蔬菜，
充滿了咖哩香和蔬菜的清甜，總讓我想起那婆娑起舞的紗麗，彷彿墜入夢幻的雲霧中。

●● 材 料

【麵皮】
中筋麵粉　150公克 ／ 鹽　2公克

【餡料】
馬鈴薯　200公克 ／ 青豆仁　20公克 ／ 咖哩粉　15公克
鹽　10公克 ／ 砂糖　15公克

●● 做 法

1 中筋麵粉加入鹽，與90公克水攪拌成糰並揉至三光，放置於倒扣
的容器內，靜置1小時。

2 馬鈴薯洗淨去皮切片，用電鍋蒸熟，壓成泥，備用。

3 把鍋燒熱，加入1大匙沙拉油，將咖哩粉炒香，加入青豆仁和馬
鈴薯泥一同翻炒，以鹽、砂糖調味後，即可起鍋，放涼。

4 將麵糰擀成圓形薄片，包入炒好的餡料，捏成三角形。

5 起油鍋，將炸油燒熱至180℃，放入三角餅，炸至表面呈金黃色
即可。

美・味・絕・招

● 咖哩粉也可以直接拌入馬鈴薯泥中，但是咖哩粉是屬於油溶性的香料，
用油炒過才會香。

● 將麵糰擀成圓形薄片後，如果會沾黏，可以用一點點麵粉防止沾黏，愈
薄口感愈脆。

● 如使用冷凍青豆仁，直接加入鍋內熱炒即可，若是生青豆仁，則需另外
預先汆燙至熟。

● 愛吃辣的人可以製作傳統的辣味沾醬，只要準備適量的香菜莖、馬鈴薯
泥、辣椒、砂糖和鹽，以果汁機打碎拌勻即可。

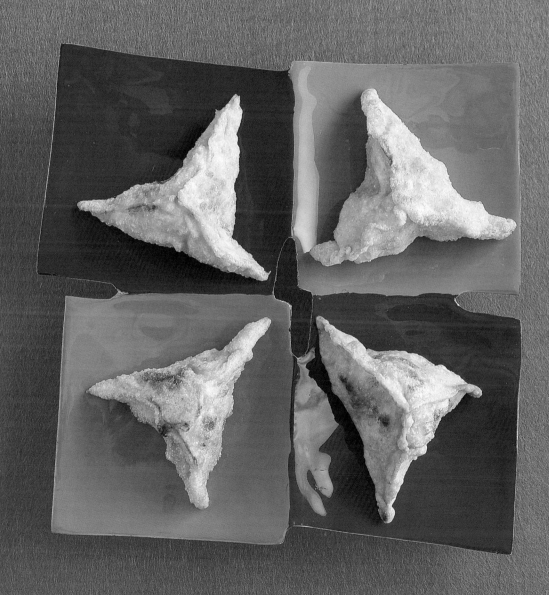

咖哩醬烤餅

在印度旅行時，第一次走進大眾餐廳，最先看到的是當地人的錯愕表情，但是很快就變成無數個友善的笑容。

那時我點的餐是招牌料理印度烤餅，服務生先將一張香蕉葉鋪在我的面前，把一大匙水淋在香蕉葉上，用手抹淨後，一大匙的米飯就堆放在葉子上，接著來了一個提著一堆小桶的人，從每個桶子裡各舀出一湯匙的食物圍著白飯擺放，五顏六色，十分漂亮，最後服務生送上一張烤餅。

餐廳裡用餐的客人，都好奇地等著看我怎麼吃面前的大餐，我也張大眼睛看服務生表演，最後他笑笑地拿來一根小湯匙給我，解決所有人的疑慮。當時的那份美味，仍令回味至今。

●● 材 料

【麵皮】

中筋麵粉　100公克 ／ 鹽　5公克

【醬料】

蘋果泥　250公克 ／ 馬鈴薯丁　300公克 ／ 紅蘿蔔丁　50公克
青豆泥　30公克 ／ 薑黃粉　3公克 ／ 咖哩粉　10公克
薑泥　15公克 ／ 茴香　5公克 ／ 肉桂粉　5公克 ／ 鹽　少許
白胡椒粉　少許 ／ 辣椒粉　少許

●● 做 法

1 中筋麵粉加入鹽和50公克水攪拌成糰，揉至三光，置放於倒扣的容器內，靜置30分鐘。
2 將麵糰擀成薄片，放到乾鍋中，開小火乾烘即可。
3 把鍋燒熱，倒入1大匙沙拉油，將馬鈴薯丁和紅蘿蔔丁炒至軟。
4 加入薑黃粉、咖哩粉和茴香，略炒均勻後，再加入適量的水，讓水蓋過食材。
5 加入蘋果泥和青豆泥，以薑泥、辣椒粉、肉桂粉和白胡椒粉調味。
6 將醬料熬煮到馬鈴薯丁和胡蘿蔔丁熟軟收汁。
7 最後再加入少許的鹽，即可起鍋。
8 食用時，烤餅沾上咖哩醬，更加美味。

美·味·絕·招

● 有的人很害怕印度食物的味道太鹹，但是這道菜如果沒有足量的鹽，味道反而會很奇怪。
● 馬鈴薯丁和紅蘿蔔丁要炒軟、炒乾，才能夠釋放出天然的甜味。
● 烤餅不用加糖，因為蘋果具有甜味，這道菜便是運用蘋果的甜味帶出咖哩的美味。
● 薑是這道菜的主角，不能省略。

糖漬水果

印度最常見的零食是芒果乾和波羅蜜，他們非常善用香料增加零食的美味。

在古印度時代，「糖」也算是香料，昂貴而不易親近，卻有著誘人的美味。

當時人已知道糖和鹽一樣，可以用來長久保存食物，

只是因為糖容易引起人過多的欲望，使人墮落，

因此許多人是不被允許食用糖的，例如寡婦與修道之士。

無論如何，糖帶給人們的快樂，是無法被抹殺的，

因此在許多節慶與宴會中，還是少不了它。

● ● 材 料

砂糖 200公克 ／ 蘋果 2個 ／ 鳳梨 半個 ／ 柳橙 1個
丁香 8小顆 ／ 薑泥 10公克 ／ 小茴香 2公克 ／ 肉桂棒 1小根
橘子皮絲 （約1個橘子的量）

● ● 做 法

1 蘋果與鳳梨洗淨削皮，切成2公分大小，厚度約0.5公分；柳橙洗淨切片，備用。

2 把鍋燒熱，加入砂糖和50公克水一起熬煮成糖漿。

3 在糖漿中加入丁香、薑泥、小茴香、肉桂棒、橘子皮絲。

4 最後加入鳳梨塊、蘋果塊與柳橙片，熬煮至水果略透明且湯汁濃稠，即可起鍋。

美・味・絕・招

- 因為這不是煮硬性糖，所以要適量加入水，不可以煮乾，需隨時給予攪拌。

- 蘋果和鳳梨都含有大量的水分，因此需要更多的熬煮時間，讓糖取代水，才可以長久保存，並產生富有彈性的口感。

- 糖漬水果如果直接食用，可能太過甜膩，可以用來泡茶，或做其他點心。

04

Dessert / India

甩餅

在學校教烹飪課時，學生常常問我說：「老師，你會不會閉著眼睛連續切割麵糰呢？」
我聽了心想：「怎麼可能會呢？我是來教書的，可不是來耍大刀的啊！」
學生提出這樣的問題，往往讓我很擔心，
因為年輕學子往往都只看到華麗的一面，而忘記最基本的做菜工夫。
甩餅原本應該要用甩的，但那並不是人人可以立即學會的工夫，
因此建議可以使用擀麵棍，以達到相同的效果。

●● 材 料

低筋麵粉　150公克 ／ 砂糖　30公克 ／ 鹽　2公克
芝麻糖粉　60公克

●● 做 法

1 低筋麵粉以篩網過篩後，加入砂糖、鹽和75公克水攪拌成糰，揉至三光。

2 麵糰加入沙拉油20公克，靜置1小時。

3 分割麵糰，每個30公克。

4 桌面抹上適量的沙拉油，用擀麵棍將麵糰擀為薄而透光的餅皮。

5 餅皮中間灑上芝麻糖粉，將四邊折入。

6 取一平底鍋，開小火，用餐巾紙在鍋底抹上一層沙拉油，將餅皮放入鍋中，煎至兩面焦黃，即可起鍋。

美・味・絕・招

● 麵糰加入沙拉油後，不需要攪拌，只要讓麵糰浸在油中即可。可以加蓋，防止過度乾燥。

● 搓揉好的麵糰要有足量的油脂，才會使麵皮產生酥脆的口感。

● 做餅皮時，不要使用手粉（手粉是揉麵糰時，用來防止手沾黏麵糰而灑在手上、桌面或容器的麵粉，通常會使用高筋麵粉當手粉），要改用油，這樣麵皮才不會變硬。桌面所抹的沙拉油量要視情況而定，通常5公克即可，以讓麵糰不沾黏桌面為原則。

● 如果喜歡包入餡料，使用花生醬、水果醬、花生糖都是可以的。

● 麵皮如果擀的時候會縮起來，表示鬆弛時間不夠。

● 麵糰也可以前一天晚上先搓揉好，用保鮮膜覆蓋，第二天早上當成早餐煎食。

香料球

香料球是印度的常見小點心，有人喜歡將它包在餅內吃，
也有人用來煮咖哩，是一種非常好用的小點心。
它充滿了迷人的香料香味，會讓人宛如身處色彩綺麗的印度國度。
在臺灣雖然許多人都喜歡自己煮豆漿，但往往都會將豆渣丟棄不用，
其實它是非常營養的食物，因此我將印度香料球原用的豆泥改為豆渣。
如果家中沒有豆渣，也可使用豆泥。
很多食材到底是廢物還是寶物，關鍵不在於食材本身，
而是使用者的眼光與巧思。

●● 材 料

中筋麵粉　20公克 ／ 豆渣　100公克 ／ 香菜　30公克
蘋果丁　50公克 ／ 薑泥　10公克 ／ 咖哩粉　5公克
茴香　3公克 ／ 砂糖　6公克 ／ 肉桂粉　少許 ／ 鹽　少許

●● 做 法

1 香菜洗淨，切末；咖哩粉、茴香、肉桂粉加入適量的水調成咖哩
　泥，備用。

2 把鍋燒熱，倒入2大匙沙拉油，爆香薑泥後，先加入咖哩泥、砂
　糖、鹽拌勻，再加入蘋果丁一同拌炒。

3 加入豆渣和香菜末拌勻，即可起鍋，放涼。

4 將做法3加入中筋麵粉拌勻後，捏成球狀。

5 另起一油鍋，將炸油燒熱至160℃，將香料球放入鍋內，炸至表
　面呈金黃即可。

美·味·絕·招

● 香料球捏成球狀時，需要捏緊，以免下鍋後鬆散。

● 油炸要分兩次，第一次入鍋油炸，香料球下鍋後，要以小火慢慢炸至略
　呈黃色，即可起鍋；第二次入鍋油炸，轉為中火，將油溫拉高，炸至金
　黃色再起鍋，表皮會比較香酥，也比較不含油。

● 添加麵粉的目的是為了增加黏性，蘋果丁不要切得太大塊，以免捏成球
　狀時，難以成糰。

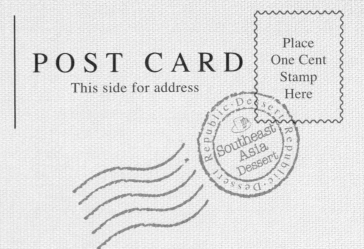

POST CARD

This side for address

Place
One Cent
Stamp
Here

Refreshing
Southeast Asia 四 清涼的南洋

香蕉酥

在南洋地區，食用油炸甜點是很常見的，例如波羅蜜或是榴槤，
常常都可見到被做成美味小點。在臺灣，波羅蜜和榴槤較為少見，
但是香蕉往往生產過剩，因此改用這種食材製作香酥的小點。
但畢竟油炸不夠健康，所以將它改成烘烤方式處理，
可以吃到皮的酥鬆口感，以及濃郁香蕉味的內餡。
由於我在家做給媽媽吃時，她覺得香蕉酥做得太大不容易入口，
因此改良成體型較小的，一口一個，方便食用。

●●● 材 料

【油皮麵皮】
中筋麵粉 172公克 ／ 細砂糖 8公克
植物性奶油 52公克 ／ 水 69公克

【油酥麵皮】
低筋麵粉 130公克 ／ 植物性奶油 65公克

【餡料】
香蕉 262公克 ／ 砂糖 13公克 ／ 植物性奶油 26公克

●● 做 法

1 香蕉去皮切塊，加入砂糖和植物性奶油攪拌均勻，做成餡料，放
　入冰箱冷藏。

2 將油皮麵皮的全部材料搓揉至光滑，靜置一旁。

3 將油酥麵皮的全部材料搓揉成糰，靜置一旁。

4 分割油皮麵皮，每個10公克。

5 分割油酥麵皮，每個7公克。

6 油皮麵皮包入油酥麵皮，擀捲成橄欖形長條，再捲起，重複兩次。

7 將做好的麵皮壓平，包入香蕉餡料，收口處以叉子壓痕。

8 放入預熱過的烤箱，以200℃焙烤25分鐘即可。

美·味·絕·招

● 香蕉餡料放入冰箱冷藏的目的，是為使它變硬一些，比較容易包餡。

● 將油皮麵皮包入油酥麵皮的重點，在於不可以破掉，如果破掉就會影響
　到成品的酥度。

● 因為內餡太軟，不容易包，所以要小心擀捲出較大的皮，那麼包餡就容
　易成功了。

02

Dessert / Southeast Asia

玉米甜糕

南洋盛產椰子，因此椰子點心很普遍。
玉米有著豐富的營養，遠比稻米和麥子多上5至10倍，
除了可以拿來當正餐，也可以用來做甜點。
玉米甜糕蒸好時，不能馬上食用，
必須放涼後，才能吃到它的真正美味。

● ● 材 料

甜玉米粒　180公克 ／ 在來米粉　40公克 ／ 椰奶　200公克
白砂糖　20公克

● ● 做 法

1 甜玉米粒放入果汁機中攪打30秒，過濾後，留下玉米粒，備用。

2 攪打好的玉米汁加入在來米粉、椰奶、白砂糖攪拌均勻，放入模
　具中，移入蒸鍋內，以大火蒸30分鐘。撒上做法1的玉米粒後，
　繼續蒸3至5分鐘。

3 蒸熟後，取出放涼，再移入冰箱冷藏3個小時。

4 從冰箱取出玉米甜糕切塊後，即可食用。

美·味·絕·招

● 如果覺得口感太硬，可以增加椰奶的用量。

● 如要確認玉米甜糕蒸熟否，可以竹籤試插入糕內，如果不沾黏竹籤，即
　表示已蒸熟。

● 甜糕厚度不宜超過2公分，切成1立方公分，口感較佳。

西米番薯圓

西谷米是大家所熟悉的南洋食品,許多甜品中都可以見到它的蹤影。
這道點心的口感很有彈性,而且外觀可愛討喜。
建議不要做得太大,以免不易入口。
它吃起來冰冰涼涼的,是很好的低熱量消暑點心。

● ● 材 料

西谷米 20公克 ／ 椰奶 50公克 ／ 澄粉 20公克
番薯 200公克 ／ 砂糖 30公克

● ● 做 法

1 番薯洗淨削皮,用電鍋蒸熟後,取出壓成泥,趁熱加入砂糖攪
  拌,備用。

2 取一鍋,倒入適量水,加入西谷米,煮至半熟後撈出。

3 半熟的西谷米加入椰奶繼續熬煮,待煮熟後,關火。

4 慢慢加入澄粉攪拌,即可取出盛盤。

5 取適量番薯泥搓圓,均勻裹上西谷米。

6 將做法5放入鋪好點心紙的蒸鍋,以大火蒸5分鐘,蒸至透明,即
  可起鍋。

美·味·絕·招

● 如果番薯泥蒸熟後太濕,可以用炒菜鍋將水分炒乾。

● 包的時候,手上可以沾些澄粉,防止粘黏。

● 如果覺得味道太甜,也可以不加糖。

04

鳳梨涼糕

鳳梨是熱帶地區的美食，含有豐富的纖維質，也是臺灣的特產。
如果使用新鮮鳳梨做這道點心，要先用果汁機把果肉打散。
如果希望口感更豐富，可以添加椰奶，這樣南洋風味會更加濃郁。
冰鎮之後彈牙的口感，吃起來酸酸甜甜的，感覺非常甜美。

●● 材 料

樹薯粉 120公克 ／ 玉米粉 3公克 ／ 鳳梨 8片
鳳梨糖水 480公克 ／ 椰子絲 適量

●● 做 法

1 鳳梨加入鳳梨糖水，用果汁機攪打成汁。

2 樹薯粉加上玉米粉，加入攪打好的鳳梨汁，攪拌均勻，倒入模具中。

3 將模具放入蒸鍋，以中火蒸20分鐘。

4 蒸熟後，取出放涼，再移入冰箱冷藏3小時。

5 取出切塊，沾上椰子絲即可。

美·味·絕·招

● 如果覺得太硬，可以在做法2多加些鳳梨糖水。
● 如果覺得不夠甜，可以在做法2加入少許砂糖。
● 鳳梨片要用果汁機打得很碎，不然會影響口感。
● 鳳梨漿倒入模具後的厚度，最好在1至1.5公分。

鳳梨莎莎餅

莎莎醬使用鳳梨和辣椒的純素食材，帶出南洋的清爽自然與熱情氣息。
原本莎莎餅的做法，是將豆泥包入麵皮內，要經過乾鍋煎香，才吃得到豆香，
我將豆泥改為用製作豆漿剩餘的豆渣，如此一來，不但可以吃到豆香，增加點心的營養價值，
也藉由物盡其用食材，達到惜福的概念。

● ● 材 料

【麵皮】
豆渣 80公克 ／ 中筋麵粉 100公克 ／ 鹽 少許

【醬料】
鳳梨 半個 ／ 辣椒 1根 ／ 香菜 20公克
鹽 少許 ／ 蜂蜜 30公克

● ● 做 法

1 中筋麵粉加入鹽和60公克水攪拌成糰，揉至三光，置放於倒扣的
  容器內，靜置30分鐘，備用。

2 分割麵糰為8等份，每個20公克。

3 每個麵糰包入10公克豆渣。

4 將麵糰擀捲成薄餅，放入乾鍋中，以小火煎熟。

5 鳳梨切小丁；辣椒洗淨，切小丁；香菜洗淨，切末。

6 鳳梨丁、辣椒丁、香菜末、鹽、蜂蜜一起攪拌均勻，即成鳳梨莎
  莎醬。

7 將鳳梨莎莎醬放在薄餅上，即可食用。

美·味·絕·招

● 麵皮擀得薄一點，口感更佳。
● 在煎餅皮時，可以在餅皮上抹上些許植物性奶油，氣味更香。
● 由於臺灣本土所產的鳳梨味道較甜，如果要增加酸味，可以添加檸檬汁
  以調整味道。
● 鳳梨莎莎醬是醬料，因此所有材料要盡量切碎，如果想保留一些咀嚼食
  材時的口感，刀工盡量不要超過1立方公分。
● 怕辣的人可以將辣椒去子，便能降低辣味。

05

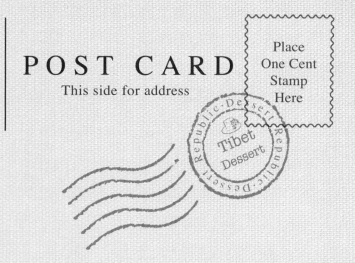

POST CARD

This side for address

Place
One Cent
Stamp
Here

Happy Tibet 五 幸福的西藏

1 蛻

2 甜麵

3 糢糢

4 安多鬆餅

5 黃金球

6 巴勒

蛻

在西藏過新年時，看到很特別的甜點——蛻，
遠看很像臺灣年糕，但是西藏人使用的是人蔘果和糌粑。
人蔘果在西藏是很高級的食材，含有豐富的糖分，味道很像臺灣的番薯。
在高地，糖分是身體極重要的營養素，通常西藏人會透過添加大量的奶渣、酥油和糌粑來取得。
西藏點心大多都是奶製品，我改做無蛋、奶的素甜點，使用臺灣隨手可得的家常食材來製作。
不過，由於沒有使用固體油，硬度會與西藏的蛻有所不同。

●● 材 料

番薯　600公克 ／ 紅糖　100公克 ／ 麵茶　200公克
蜂蜜　10公克

●● 做 法

1 番薯洗淨削皮，用電鍋蒸熟，備用。

2 取出蒸熟的番薯，趁熱放入紅糖攪拌，並放入鍋中以小火略炒，
把水分炒乾。

3 加入麵茶，調整硬度。

4 加入蜂蜜，增加香味。

5 將做法4填入模具，放涼。

6 移入冰箱冷凍兩小時即可。

(美·味·絕·招)

● 臺灣的番薯雖然和人蔘果味道很像，但是臺灣番薯甜度高出許多，需不
需要放糖，就取決於個人的喜好。

● 這道點心不能放冰箱冷藏室，一定要放入冷凍室，才容易脫水。在冰箱
冷凍時，建議不加蓋，但要注意冰箱裡有無氣味重的食材，因為西藏的
天氣很寒冷、很乾燥，和臺灣截然不同，不加蓋可以讓點心的水分加速
散失。

● 番薯不可以用烤的，以免番薯的味道過濃，搶了米茶的味道。

02

Dessert / Tibet

甜麵

第一次在西藏看到甜麵的做法，真是有些嚇傻了！
那天恰巧是我的生日，隨著兩位喇嘛回家探親，
喇嘛的家人非常開心地拿出家中最好的食物招待我們。
為了招待我，喇嘛還給我一大碗，淋上超多的酸奶和白糖，
眼見要再淋上酥油和奶渣時，我連忙喊停，因為實在吃不慣奶渣。
當喇嘛笑笑著把碗遞給我，我完全楞住，不知該由哪裡吃起。
回到臺灣後，原本想用豆腐代替酸奶，但還是覺得紅豆好吃，所以就改成了紅豆泥。

● ● 材 料

中筋麵粉　150公克 ／ （蒸熟）馬鈴薯泥　50公克
鹽　2公克 ／ 紅豆泥　適量

● ● 做 法

1 中筋麵粉加入鹽、馬鈴薯泥和80公克水攪拌成糰，置放於倒扣的
　容器內，靜置30分鐘。

2 麵糰搓成貓耳朵的形狀。

3 取一鍋，加入適量水，將水煮滾，把搓好的麵糰放入鍋中煮熟。

4 在煮熟的麵上，淋上紅豆泥即可。

(美・味・絕・招)

● 麵糰要搓揉至三光，才會有彈性。

● 紅豆泥如果不夠甜，可以自行添加砂糖。我個人偏好比較濃稠的日式紅
　豆湯，如果採用現成的紅豆泥，流動性可能不佳，容易吃到過多的紅豆
　泥，可以加水稀釋。

● 最後還可以灑上適量的花生粉和葡萄乾，味道更美味。

糢糢

藏語的「糢糢」就是「包子」，
是西藏人常吃的食物。我吃到最
多包子的地方，是在康區，記得
到丹巴的那個夜晚，藏族朋友端
出一盆包子，那就是我的晚餐。
在極度昏暗的狀態下，我無法辨
識吃到的到底是什麼東西，只能
先用相機拍攝下來，後來才知道
那是馬鈴薯餡的包子，鬆鬆軟軟
的口感，搭配他們特有的辣椒醬
油，吃起來感覺真是太幸福了！

●● 材 料

【餅皮】
中筋麵粉 100公克 ／ 鹽 2公克 ／ 乾酵母粉 3公克

【餡料】
馬鈴薯 300公克 ／ 西洋芹末 20公克 ／ 鹽 少許
白胡椒粉 少許 ／ 香油 少許

●● 做 法

1 馬鈴薯削皮，切1立方公分，以清水沖洗過多的澱粉質，備用。

2 把鍋燒熱，倒入1大匙沙拉油，加入馬鈴薯略為翻炒，加入
　少量的水，將馬鈴薯略煮。

3 加入西洋芹末略為拌炒，以鹽、白胡椒粉調味，起鍋前，滴
　上香油，即成餡料，放涼。

4 乾酵母粉放入50公克水中，使其活化。

5 中筋麵粉加入鹽略拌，再加入酵母水，攪拌成糰，揉至三
　光，置放於倒扣的容器內，靜置1小時。

6 分割麵糰，每個25公克。

7 將麵糰擀開包入馬鈴薯餡料，放入已鋪好點心紙的蒸鍋中，
　待膨脹到約兩倍大，即可開火蒸熟。

8 以中大火蒸10至15分鐘即可。

美·味·絕·招

● 糢糢如果沒有膨脹到兩倍大就蒸，皮會變硬。
● 馬鈴薯需挑選較為鬆軟的品種。
● 可以調配美味的「花椒醬油」做為沾醬。
　【材料】花椒粉少許、辣椒粉少許、麻油（或沙拉油）20公克、醬油
　　　　　少許、黑醋少許、鹽4公克、辣椒末10公克、香菜末10公克
　【做法】1.把鍋燒熱，麻油加熱至70℃左右，加入花椒粉、辣椒粉炒香。
　　　　　2.加入醬油、黑醋攪拌均勻，再以鹽調味，即可起鍋。
　　　　　3.煮好的醬汁，加入辣椒末、香菜末即完成。

04

Dessert / Tibet

安多鬆餅

這是一道西藏安多地區的傳統點心，在街上的店面是買不到的，
多半都是媽媽的家庭私房菜。
當我在黃河邊上的朋友家中吃到時，直誇好吃，
通常他們是沾酸奶和砂糖一起吃，我卻厚臉皮地要求加上蜂蜜。
蜂蜜在當地是很珍貴的食物，但是他們絲毫沒有任何吝嗇的面容，就給了我。
朋友的媽媽為我特別煎了重達2公斤的鬆餅，要我帶回家享用，
那份熱情，是我這一生忘不了的。

● ● 材 料

低筋麵粉　100公克 ／ 水　150公克 ／ 砂糖　20公克
乾酵母粉　1公克

● ● 做 法

1 將所有材料拌勻。

2 以保鮮膜覆蓋做法1，靜置1小時。

3 取一平底鍋，開小火，用餐巾紙在鍋底塗一層植物性奶油，再淋
　上一杓（約50公克）的麵糊，搖晃鍋子，使之均勻，流動成直徑
　約20公分大小的圓形。

4 待鍋裡產生大泡泡且略乾後，翻面至熟，即可起鍋。

美·味·絕·招

● 食材一定要完全攪拌均勻，才會融合。
● 煎之前不要過度攪拌，並且留意火候不宜太大，以免燒焦。

黃金球

拉薩是西藏貴族聚集最多的地區,我專程去那裡尋找貴族的美食,
希望能夠學習他們的傳統藏餐做法。
經由一位西藏大學教授的告知,得知有家西藏餐廳可以提供道地的傳統藏餐,
便迫不急待前往一探究竟。
一般藏人最常食用糌粑和土豆(馬鈴薯),其中又以土豆最受喜愛。
因為我在拉薩其他傳統藏餐餐廳從未見過黃金球,所以特別點了這道點心。
看到廚房裡一群人為我做這一道菜,忙進忙出的樣子,
還以為做法很困難複雜,後來才知道其實很簡單,
不妨動手做看看,體驗一下傳統藏族的美食風味!

●● 材 料

馬鈴薯 200公克 ／ 中筋麵粉 少許 ／ 茴香 10公克
鹽 少許 ／ 砂糖 少許 ／ 黑胡椒粒 少許

●● 做 法

1 馬鈴薯洗淨削皮,用電鍋蒸熟,壓成泥。

2 茴香攪碎,備用。

3 將馬鈴薯泥、茴香、鹽、砂糖、黑胡椒粒一起攪拌均勻,搓成小球,表皮沾上中筋麵粉。

4 起油鍋,將炸油燒熱至150℃,放入做法3,炸至表面呈金黃色即可。

美・味・絕・招

● 馬鈴薯需蒸至熟透,才易壓成泥。

● 茴香可以用攪拌機打碎,將香氣打出來,愈碎愈好,以免吃到整顆的茴香,產生不佳的口感。

● 表皮所沾的麵粉量不要太多,以免下油鍋後,麵球散開,污染油鍋。

05

Dessert / Tibet

巴勒

初次聽到「巴勒」一詞，讓我感到一頭霧水，
原來是藏語的「餅子」，是一種油炸餅。
在西藏吃油炸品是很平常的事，許多的小茶館都會提供類似巴勒的油炸小點心。
因為在沸點低的高原環境裡，很難將食物煮熟，
必須使用壓力鍋，否則無法將水加熱至100℃。
巴勒的價格相當便宜，人人都吃得起。
我將葷食改為純素口味，沒有太多調味，
是希望讓大家吃到更多西藏點心的原始美味。

●●材 料

【麵皮】
中筋麵粉　100公克 ／ 鹽　少許 ／ 水　65公克

【餡料】
馬鈴薯　150公克 ／ 香菜　30公克 ／ 鹽　少許
香油　少許 ／ 黑胡椒粒　少許

●●做 法

1 將所有麵皮材料攪拌成糰，揉至三光，蓋上保鮮膜，靜置30分鐘。

2 馬鈴薯洗淨削皮，切成0.5公分小丁，用水洗除澱粉質。

3 取一鍋，馬鈴薯丁加入100公克水，開小火，煮至熟軟，即可起
　鍋，加入香菜、鹽、香油、黑胡椒粒，攪拌均勻，備用。

4 分割麵皮，每個25公克。

5 麵皮擀薄，包入做法3的餡料。

6 起油鍋，將炸油燒熱至150℃，放入做法5，炸至表面呈金黃色即
　可。

美·味·絕·招

● 尚未使用到的麵糰，要用保鮮膜包覆好，以免乾硬，不易使用。
● 馬鈴薯切丁後，用水洗除澱粉質，煎炒時可以避免黏鍋。雖然這道點心
　不必煎炒，但還是要洗掉澱粉質較易料理。馬鈴薯要煮到熟軟。
● 麵皮擀得愈薄愈好。
● 巴勒在油炸前，一定要包緊，以免下油鍋後，整個散掉。

POST CARD

This side for address

Place
One Cent
Stamp
Here

Wild America 六 豪邁的美國

甜甜圈

甜甜圈一直是我夢想中的食物，但只可以在睡夢中偷吃，
每次經過甜甜圈店門口，都不敢多看一眼，但只要有機會吃到一點點，就覺得好幸福。
甜甜圈製作材料有兩種，一種是蛋糕麵糊，另一種是發酵麵糊，這裡做的是發酵麵糊。

●● 材 料

中筋麵粉 100公克 ／ 鹽 1公克 ／ 細砂糖 15公克
植物性奶油 8公克 ／ 乾酵母粉 1公克

●● 做 法

1 乾酵母粉放入65公克水中，使其活化。

2 中筋麵粉加入細砂糖、鹽，再加上酵母水，攪拌成糰。

3 加上植物性奶油，搓揉至不黏手即可。

4 以保鮮膜覆蓋，發酵至兩倍大，分割麵糰，每個60公克。

5 麵糰以保鮮膜覆蓋，繼續發酵30分鐘。

6 將麵糰取出整型。

7 熱油鍋，將油燒熱至約160℃左右，將整形後的麵糰放進去油
　炸，至膨脹且成金黃色，即可起鍋。

8 在炸好的甜甜圈外，滾上細砂糖即可。

美·味·絕·招

● 「發酵」這一道程序，對製作發酵麵糊類的甜甜圈是很重要的，發酵時
　間要足夠，才能吃到鬆軟的甜甜圈。
● 剛開始油炸時，火的溫度不要過高，火候不可以太大，否則容易焦黑。
● 起鍋前要開大火，以逼出大部分的油，吃起來才不會油膩。
● 甜甜圈也可以做成圓球狀。
● 甜甜圈炸好後，可以在砂糖中添加肉桂粉，做成肉桂甜甜圈。

焦糖爆米花

在美國電視影集中，經常可以看到美國人捧著超大盆的爆米花坐在電視機前享用。
原本我並不愛吃爆米花，可是卻很喜歡看有趣的爆米花變化，
原本只是小小硬硬的玉米粒，受熱後，卻能開出一朵朵美麗的小白花，
帶給我一種視覺的滿足。
直到在美國吃到焦糖爆米花，裡面除了美味焦糖香之外，
還帶有核果的甜美，才成為我非常喜愛的零食。

● ● 材料

乾玉米粒 80公克 ／ 砂糖 240公克 ／ 果糖 50公克
蜂蜜 30公克 ／ 小蘇打粉 1小匙 ／ 核果 40公克
植物性奶油 100公克

● ● 做法

1 把鍋燒熱，倒入40公克沙拉油，加入乾玉米粒、核果，蓋上鍋蓋，開小火，聽到嗶嗶剝剝聲音時，請輕輕搖晃鍋子，使之受熱均勻。

2 另取一鍋，把植物性奶油和砂糖放入鍋內加熱，直到砂糖溶化。

3 加入果糖，繼續加熱到聞到焦糖的味道為止。

4 加入蜂蜜和小蘇打粉，煮至滾，即可起鍋。

5 將煮好的焦糖與爆好的米花、核果拌勻即可。

美·味·絕·招

● 使用平底鍋或中華炒鍋皆可，但一定要有鍋蓋，在油爆過程裡，不能掀開蓋子，以免危險。
● 煮焦糖時，不能翻動攪拌。
● 核果使用前要略烤過，時間不要太久，以免烤焦。
● 煮好的焦糖要馬上攪拌，動作要輕柔，不然核果和爆米花的外觀會變醜。

鬆餅

鬆餅有兩種，一種是用機器烤的歐式鬆餅，有一格一格的花紋，
另一種則是扁平圓盤狀的美式鬆餅，用一般平底鍋煎即可。
許多人為了方便，多半會使用鬆餅粉製作鬆餅，
但是市面上的鬆餅粉多數都含有動物性食材，
這裡運用大豆蛋白取代雞蛋，以增加更多的健康元素。

● ● 材 料

低筋麵粉 100公克 ／ 大豆蛋白糊 100公克 ／ 泡打粉 4公克
蜂蜜 20公克 ／ 砂糖 20公克 ／ 無糖豆漿 50公克

● ● 做 法

1 低筋麵粉加入泡打粉一起以篩網過篩。

2 大豆蛋白糊加入砂糖攪拌溶解。

3 加入無糖豆漿和蜂蜜拌勻。

4 加入做法1一起輕輕攪拌均勻。

5 最後再加入20公克沙拉油拌勻，靜置1小時。

6 取一平底鍋，開小火，用餐巾紙在鍋底抹上一層沙拉油，倒入一
 杓麵糊（約30公克），使之流動成直徑約10公分大小的圓形，兩
 面煎熟，即可起鍋。

美·味·絕·招

● 做法4在加入低筋麵粉後，不能過度攪拌。
● 可以在前一天晚上事先拌好麵糊，放入冰箱冷藏，第二天做早餐時，就
 不會手忙腳亂。
● 如果想讓香氣更香，可以使用植物性奶油煎食。
● 煎鬆餅前，麵糊可再視情況添加一點水或豆漿，以調整流動性。

03

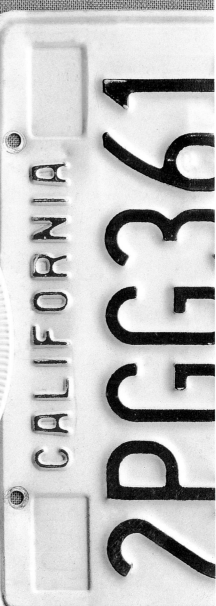

04

Dessert / America

焦糖蘋果派

●● 材 料

【餅皮】

麵包粉　60公克　／　植物性奶油　15公克　／　大豆蛋白糊　16公克
無糖豆漿　10公克

【餡料】

蘋果　1個　／　檸檬汁　10公克　／　砂糖　100公克　／　肉桂粉　3公克
丁香　2小顆

●● 做 法

1 蘋果洗淨，削皮切薄片，備用。

2 麵包粉先壓碎，加入植物性奶油，以手拌勻。

3 加入大豆蛋白糊和無糖豆漿攪拌均勻後，捏成糰。

4 壓成圓形薄片，平鋪在烤盤中，放入烤箱，以170℃焙烤20分鐘，烤至表
　面有點焦黃。

5 取一鍋，將砂糖放到鍋中煮成焦糖後，加入60公克的水，終止繼續焦化。

6 加入丁香。

7 放入蘋果片，再加入肉桂粉、檸檬汁，煮到蘋果片變軟，即可起鍋。

8 將蘋果片排到圓形薄片上，淋上少量蘋果湯汁，再放入烤箱，繼續焙烤25
　分鐘即可。

美·味·絕·招

● 如果不想使用植物性奶
　油，也可使用橄欖油，
　但是要避免使用有油耗
　味的油。

豆漿淡糕

●●材料

大豆蛋白糊 70公克 ／ 高筋麵粉 25公克 ／ 低筋麵粉 25公克
植物性奶油 50公克 ／ 無糖豆漿 10公克 ／ 砂糖 25公克
蜂蜜 10公克 ／ 泡打粉 3公克

●●做法

1 植物性奶油加入砂糖一起打發。

2 慢慢加入大豆蛋白糊，繼續攪打至完全乳化。

3 加入無糖豆漿和蜂蜜拌勻。

4 高筋麵粉、低筋麵粉、泡打粉一起以篩網過篩，加入做法3中，
　輕輕攪拌均勻。

5 將做法4填入模具，放入預熱過的烤箱，以180℃烤箱焙烤25分
　鐘即可。

美·味·絕·招

● 淡糕成功的關鍵在於乳化，如果製作過程不小心油脂分離，則可加入大
　豆蛋白粉幫助乳化。

● 烤箱的溫度要夠高，不然淡糕會發不起來。

布朗尼

香甜可口的布朗尼是美國十分普遍的點心,廣受歡迎。
素食糕點並不難做,無蛋糕點和蛋糕的差別在於油脂的使用和乳化方式,
如果乳化不完整,造成油水分離,作品將很難成功。
我非常喜歡烤糕點,每次只要心情不佳,拌個麵糊放到烤箱,
看著它膨脹的模樣,心情在瞬間就會得到轉換,彷彿雨過天晴。

● ● 材 料

大豆蛋白糊　30公克　／　巧克力粉　10公克
低筋麵粉　20公克　／　高筋麵粉　20公克　／　砂糖　30公克
植物性奶油　30公克　／　泡打粉　2公克

● ● 做 法

1 把鍋燒熱,倒入10公克沙拉油,加熱至60℃左右,再加入巧克力
　粉拌勻至表面光亮,備用。

2 植物性奶油加入砂糖一起打發。

3 加入做法1一起打發。

4 加入大豆蛋白糊繼續攪打均勻。

5 高筋麵粉加入低筋麵粉、泡打粉一起以篩網過篩。

6 將做法5加入做法4中,輕輕攪拌均勻。

7 放入預熱過的烤箱,以180℃焙烤30分鐘即可。

(美·味·絕·招)

● 烤箱一定要預熱到180℃,才可放入麵糊焙烤。

● 高筋麵粉、低筋麵粉、發粉可以放在一起過篩,不過篩會很容易結塊。

● 糖量不要減少,因為口感會改變,喜好甜味的朋友可以增加糖量10至20
　公克。如果有巧克力塊,可以切小塊放入攪拌完成的麵糊中,以增加口
　感。

● 沙拉油要先加熱再加入巧克力粉,因為巧克力粉是油溶性的,和其他粉
　類放在一起會融化,烤出來的產品香氣和顏色會不同。

巧克力餅乾

巧克力餅乾是很多人喜歡的點心。

我最初使用的是液體油脂，

但往往造成餅乾過硬，無法達到利用固體油脂所造成餅乾的酥脆度，

藉由本道食譜的比例，即可達到酥鬆的良好效果。

加入的巧克力碎片，可以用家中吃剩的巧克力，

效果和購買烘焙用巧克力雖然會有所差別，不過自己食用倒是無妨，

但是使用前要注意是否為未添加乳脂肪的純素巧克力。

● ● 材 料

大豆蛋白糊 55公克 ／ 中筋麵粉 280公克

植物性奶油 170公克 ／ 砂糖 100公克 ／ 巧克力碎片 80公克

● ● 做 法

1 將植物性奶油加上砂糖一起打發。

2 再加入大豆蛋白糊一同攪拌均勻。

3 輕輕拌入中筋麵粉。

4 再拌入巧克力碎片。

5 依自己喜歡的大小分割為數個餅乾，放置在烤盤上。

6 手略沾水壓平表面，厚度約0.5公分。

7 放入預熱過的烤箱，以180℃焙烤30分鐘即可。

美·味·絕·招

● 不要過度攪拌，如果使麵粉產生筋度，會影響餅乾的口感。

● 砂糖和奶油要打發至完全乳化，如果加入大豆蛋白糊後造成油脂和水分
　離，可再加一點大豆蛋白粉幫助乳化。

POST CARD

This side for address

Place
One Cent
Stamp
Here

Republic·Dessert
Middle
East
Dessert

Splendid
Middle East 七 華麗的中東

芝麻雙茄口袋餅

口袋餅的外觀像小叮噹的口袋，將餅切開成小口袋，塞入美味的蔬菜，一直都是我的最愛，不但熱量低，又有飽足感。風靡世界的口袋餅（Pita），最初是來自中東的一種美食，古代因為常常有戰爭，再加上需要經常性遷移，所以將麵皮擀薄放在燒熱的石頭上烤熟，中間夾入小米和其他餡料，如此不但不必攜帶餐具，更增添便利性，之後又因文化交流與遷徙，而將口袋餅流傳到歐洲各地。

● ● 材料

【麵皮】

高筋麵粉 150公克 ／ 乾酵母粉 2公克 ／ 細砂糖 5公克
鹽 1公克

【餡料】

茄子 1根 ／ 彩色甜椒 1個 ／ 番茄 1個 ／ 小黃瓜 1條

【醬料】

芝麻醬 15公克 ／ 蜂蜜 10公克 ／ 鹽 少許 ／ 黑胡椒粒 少許

● ● 做法

1 乾酵母粉放入140公克水中，以增加活性。

2 高筋麵粉加入細砂糖和鹽，攪拌均勻。

3 酵母水加入做法2中，攪拌成糰，揉至三光。

4 蓋上保鮮膜覆蓋發酵約1小時。

5 分割麵糰，每個60公克。

6 再次蓋上保鮮膜，發酵30分鐘。

7 擀捲成扁橢圓形，厚度0.5公分。

8 將麵糰放入預熱過的烤箱，以220℃焙烤8分鐘即可。

9 彩色甜椒和小黃瓜洗淨，切條；番茄洗淨，切片。

10 茄子洗淨，切片後，淋上適量的沙拉油，撒上少許鹽，放入預熱過的烤箱，以180℃烤軟，所需烘烤時間5至10分鐘。

11 將所有的醬料攪拌均勻。

12 食用時，將餡料放入口袋餅中，淋上醬汁即可。

美·味·絕·招

● 如果怕番茄切片後太濕，可除去部分番茄的汁液。

● 在烘烤之前，要先預熱烤盤，麵皮會膨脹得比較好。

● 可以自由包入自己喜歡的各種蔬菜、水果和沙拉醬。

01

Dessert / Middle East

02

Dessert / Middle East

玫瑰杏仁糖

在古歐洲時代，糖是貴族的食物，也是昂貴的食物。

威尼斯商人將它當成「香料」販售，當時除了糖塊、砂糖，更有著玫瑰糖和紫羅蘭砂糖。

早期義大利的作家甚至提到：「糖是讓所有食物變成美味的原因。」

由此可知，糖所代表著的甜美與幸福。

這道食譜是傳承自古代的玫瑰糖，是眾多貴族珍愛的甜點。

● ● 材 料

純杏仁粉　200公克 ／ 砂糖　200公克 ／ 濃玫瑰花茶水　30公克
糖粉　適量

● ● 做 法

1 取一乾鍋，將砂糖和濃玫瑰花茶水放到鍋中，開小火，熬煮成糖
　漿。

2 慢慢將杏仁粉加入糖漿內，如果硬度太硬，可以再添加適量的玫
　瑰水調整，將玫瑰杏仁糖漿倒入長盤中，放涼。

3 切塊，灑上適量的糖粉，即可食用。

美·味·絕·招

● 因為這是一款軟糖，煮糖時不可煮得太乾，顏色過深，否則煮好的糖會
　變得很硬。

● 砂糖不可煮到焦糖化。

● 糖漿也可自行添加玫瑰醬。

● 可以多做一些，用漂亮的包裝紙包起來，當成伴手禮送人。

核果酥

核果是中東國家常見食品，當地人習慣運用核果製作各種甜品，甜度相當高。
核果酥是僅有在歡慶的節日，才會食用的高級點心。
每家的媽媽都有著屬於自己的食譜和配方，
節慶時，總是會端出屬於自己的拿手點心與大家同樂，
甚至還會相互評比，看哪家媽媽做的甜點最棒！

●● 材 料

【麵皮】
低筋麵粉　90公克 ╱ 砂糖　50公克 ╱ 植物性奶油　30公克

【餡料】
核桃　40公克 ╱ 植物性奶油　5公克 ╱ 砂糖　20公克

●● 做 法

1 低筋麵粉以篩網過篩，加入砂糖，攪拌均勻。

2 加入植物性奶油搓揉，添加少量（約10公克）的水使之成糰，蓋上保鮮膜，放入冰箱冷藏半小時。

3 取一乾鍋，將砂糖放入鍋中，以小火略煮出焦糖色，加入核桃和植物性奶油攪拌，使核桃均勻沾上焦糖。

4 取出冷藏的麵糰，包入核桃，搓揉成圓形。

5 放入已預熱過的烤箱，以150℃焙烤30分鐘，待呈現金黃焦糖色，即可取出。

美·味·絕·招

● 核桃不需預先烤過。
● 麵皮需要先冰過再烤，否則烤的時候，容易碎裂。

椰子餅

椰子餅是土耳其的一道招牌甜點，做法非常簡單，
當地習慣使用煉乳製作，這裡改用蜂蜜。
這是一道熱量不高，而且含有豐富纖維素的甜點，可以提供大量的纖維。
此外，蜂蜜也具有潤腸的功效，
是一道美味與健康兼顧的營養點心。

●● 材 料

椰子絲　100公克 ／ 低筋麵粉　20公克 ／ 蜂蜜　40公克

●● 做 法

1 將低筋麵粉以篩網過篩，加入椰子絲拌勻。

2 加入蜂蜜攪拌均勻，整型成橄欖狀。

3 放入預熱過的烤箱，以175℃焙烤15分鐘，使之上色即可。

美・味・絕・招

- 製作時如果有黏手困擾，可以沾些沙拉油在手上。
- 不一定要使用低筋麵粉，任何麵粉均可。
- 如果喜歡更濃郁的椰子香氣，可以將蜂蜜改成椰奶，但需要降低烤箱溫度至160℃，焙烤時間增長為25分鐘。

南瓜餃子

這道南瓜餃子我曾嘗試改為用烤的，
但是餃子皮會變得非常硬，口感不好。
由於我很少食用肉桂，因此在做此道點心前，
不知道肉桂和南瓜的搭配，竟然是如此絕配！

● ● 材 料

【麵皮】
中筋麵粉 150公克 ／ 大豆蛋白糊 30公克
橘子氣泡水 50公克

【餡料】
南瓜 200公克 ／ 葡萄乾 20公克 ／ 肉桂粉 3公克
鹽 3公克 ／ 黑胡椒粒 3公克

● ● 做 法

1 南瓜洗淨削皮，切成0.5立方公分，加入肉桂粉、鹽和黑胡椒粒
　拌勻，再加入葡萄乾拌勻，蓋上保鮮膜，靜置一晚。

2 將中筋麵粉加入大豆蛋白糊略拌，再加入橘子氣泡水攪拌均勻搓
　揉成糰，蓋上保鮮膜靜置1小時。

3 將麵糰擀成圓形薄片，包入南瓜內餡，將餃子皮邊緣壓緊。

4 起油鍋，將炸油燒熱，放入南瓜餃子，炸至表面呈金黃色即可。

美·味·絕·招

● 所有內餡一定要完全融合，如果趕時間，可以放入塑膠袋中，密封置於
　冰箱冷藏1個小時。如果不放入袋中密封，約需長達12小時，才能讓內
　餡完全融合。

● 橘子氣泡水也可改用一般水，但酥脆度會較弱。

05

POST CARD

This side for address

Place
One Cent
Stamp
Here

Europe
Dessert

Fantastic Europe 八 夢幻的歐洲

蔬菜脆薄餅

走在義大利拿坡里的街道，可以看到各式各樣的披薩，色彩繽紛美麗。
臺灣許多人還不習慣使用烤箱烤蔬菜，可是在歐美國家很習慣將蔬菜烤著吃，
由於加上很多的油，所以蔬菜不會烤乾，也不易焦。
但是為了健康，建議先將蔬菜與油均勻拌勻後，再放到餅皮上，就可以烤出美味的薄餅披薩。

●● 材 料

【麵皮】
中筋麵粉　100公克 ／ 鹽　2公克 ／ 乾酵母粉　1公克

【餡料】
番茄糊　60公克 ／ 茄子　30公克 ／ 青椒　30公克
番茄　30公克 ／ 橄欖油　50公克 ／ 黑胡椒粉　少許 ／ 鹽　少許
義大利比薩香料　少許

●● 做 法

1 中筋麵粉加入乾酵母粉、50公克水、鹽攪拌成糰，發酵1個小時，備用。

2 茄子洗淨，切薄片；青椒洗淨，切丁；番茄洗淨切片，備用。

3 麵糰擀平成薄片，放入預熱過的烤箱，以200℃焙烤10分鐘。

4 將茄子片、青椒丁、番茄片放在盆中，加入橄欖油和黑胡椒粉、鹽、義大利比薩香料拌勻。

5 在麵皮上用叉子戳洞，抹上番茄糊，再鋪上做法4。

6 將做法5放入烤箱，以250℃焙烤20分鐘即可。

美·味·絕·招

● 皮要盡可能擀薄一點，口感較佳。

● 只要是喜歡的蔬菜都可以放，但是比較不容易熟的蔬菜，建議先煮熟再烤。如果擔心有的蔬菜會產生水分過多的問題，可以先拌鹽靜置出水，瀝乾水分後再拌油即可。

● 番茄糊如果不易購買，可以用生番茄熬煮，一次可以熬煮多一些放在冰箱備用。做法很簡單，準備番茄2個，在表面劃刀後，放入滾水略煮，去皮後再放到果汁機中攪打。將果汁倒入小鍋熬煮至濃稠，加少許糖和鹽調味，也可添加比薩香料。

杏仁柳橙塔

水果塔是歐洲常見的點心，裡面往往都使用卡士達奶油餡，
這裡更改內餡為杏仁奶油，是因為受到法國國王派的靈感啟發。
在法國，無論在甜點屋或是超級市場，均可買到美味的國王派，
因此想要以此為內餡，並用大豆蛋白取代雞蛋的部分。
由於大豆蛋白的特性較為特別，不能久放，所以用量不多，
整體的杏仁奶油會呈現較乾、較軟的狀態，
可是加上柳橙的香氣與美味後，具有特別的風味。

● ● 材 料

【塔皮】
低筋麵粉　100公克 ／ 泡打粉　1公克 ／ 細砂糖　10公克
鹽　1公克 ／ 植物性奶油　50公克

【餡料】
柳橙　1個 ／ 杏仁粉　100公克 ／ 砂糖　50公克
大豆蛋白糊　30公克 ／ 植物性奶油　50公克

● ● 做 法

1 所有的塔皮材料攪拌成糰，以保鮮膜包覆，放入冰箱冷藏30分鐘，即成塔皮。

2 柳橙洗淨，切薄片，放入100公克滾水中煮，加入10公克砂糖，煮至柳橙片呈現半透明狀，即可關火。

3 植物性奶油加入40公克砂糖一起打發。

4 加入大豆蛋白糊攪打均勻後，再加入杏仁粉拌勻，即成餡料。

5 取出塔皮壓入烤模中，厚度需一致。

6 倒入餡料，在表面上裝飾柳橙片。

7 放入預熱過的烤箱，以180℃烘烤25至30分鐘即可。

美・味・絕・招

● 塔皮的厚度不要超過0.5公分。
● 使用的模具高度不要超過2公分。

法國麵包

法國麵包其實不是法國的產物,但後來卻成了法國人的主食。
當我漫遊在法國街道,四處想找尋的,除了甜點外,就是可頌和法國麵包。
當我依照網路上找來的資料,走到國王麵包店,那家麵包店每天都必須送麵包進皇宮,
小小的店鋪外排滿了等待的人,人們用法國麵包包夾各式其他美食,
人手一條,便解決了一餐。
由於法國麵包是以手搓揉,因此和機器攪打的自有差別,
雖然表面不夠光滑,但是口感很不錯。

●● 材 料

中筋麵粉 250公克 ／ 鹽 5公克 ／ 乾酵母粉 3公克
砂糖 20公克

●● 做 法

1 中筋麵粉與鹽、乾酵母粉、砂糖拌勻,加入150公克水攪拌成糰,揉至三光。

2 蓋上保鮮膜,使其發酵至2倍大。

3 分割麵糰,每個200公克,拍打擀捲,蓋上保鮮膜,使其再次發酵。

4 再次擀捲整型,放到烤盤上發酵至2倍大。

5 在麵包表面以菜刀快速的劃刀,但不可動到麵糰。

6 在麵包表面噴水,放入預熱過的烤箱,以180℃焙烤30分鐘即可。

美·味·絕·招

● 剛開始焙烤時,5分鐘可噴水一次,一共3次,可以增加外表的酥脆度。

● 如果發酵得不夠,麵包的內部就不會柔軟。

● 不可以加太多糖,以免導致麵包外皮顏色過深。

04

Dessert / Europe

比利時南瓜湯

我的婆婆是比利時人，我們有次一同到法國諾曼地遊玩，
因為日夜溫差很大，太陽下山後溫度驟降，讓我好想喝個熱湯暖暖身，
但是找遍所有餐廳，連一碗熱湯都找不到。
在語言不太通的情形下，才了解到其實歐洲也是幾乎天天喝湯的，但他們喝的大多不是熱湯。
回到比利時的隔天，婆婆就準備了煮湯的材料，教我製作的方法。
當我看到她把麵包全數加入一同烹煮時，我著實被嚇到了，
因為這是我從來不曾有過的料理方法，但是味道確實一級棒！

●● 材 料
南瓜 250公克 ／ 吐司 50公克 ／ 鹽 少許 ／ 黑胡椒粉 少許

●● 做 法
1 南瓜去皮、去子，切薄片，備用。
2 取一鍋，放入南瓜與適量水，水要蓋過南瓜片，開大火把湯煮
　 滾，加入吐司。
3 待南瓜片煮至軟熟，即可起鍋。
4 用果汁機攪打做法3的食材。
5 將南瓜泥倒回鍋中煮滾，以鹽、黑胡椒粉調味即可。

美·味·絕·招

● 如果烹飪的時間充裕，可以將南瓜片切得略微大一些，煮的時間長一
　 點，會使湯頭更甜美。
● 煮湯時，可以加一點油，使口感更滑順。
● 吐司也可以改用未包餡的麵包。
● 可以搭配烤麵包一同食用。

司康

司康其實是英國的懶人麵包，因為做法快速且不必發酵，而倍受歡迎。
司康本是來自蘇格蘭的點心，以前曾以麥片製作，
傳統做法是三角形的，必須烤到有個側邊裂開，他們形容為「如狼的嘴巴張開般」，
吃的時候要由狼嘴撥開，抹上果醬或是奶油，這是英式下午茶必備的點心。
一次可以多做一些，密封放入冰箱冷凍，
要食用前，再取出放到烤箱略烤，一樣鬆軟美味。

●● 材 料

大豆蛋白糊　55公克 ／ 低筋麵粉　125公克
植物性奶油　35公克 ／ 泡打粉　5公克 ／ 無糖豆漿　10公克
砂糖　10公克 ／ 鹽　1公克

●● 做 法

1 低筋麵粉加入泡打粉一起過篩，加入砂糖、鹽。

2 將放入冰箱冷藏冰硬的植物性奶油，加入做法1中搓揉，慢慢加
　入大豆蛋白糊，並以叉子攪拌。

3 做法2加入無糖豆漿拌勻，填入模具中。

4 放入預熱過的烤箱，以200℃焙烤25分鐘即可。

（美·味·絕·招）

● 做的重點在於不可以用力捏，會破壞鬆軟度。
● 由於這道點心發粉用量沒有一般歐洲點心做法那麼多，要盡可能使麵糰
　保持鬆軟。

05

06

咖啡餅乾

這是我嘗試做的第一種餅乾，是很原始的一種餅乾，在歐洲已經流傳了數百年。
這種餅乾口感很硬，必須沾咖啡或是巧克力軟化後，才比較容易食用，
牙口不好的人，要小心食用。
由於未添加奶油，屬於熱量較低的點心。

● ● 材 料

咖啡粉　100公克 ／ 低筋麵粉　160公克 ／ 大豆蛋白糊　100公克
細砂糖　100公克 ／ 泡打粉　2公克 ／ 鹽　2公克
檸檬皮末　1個 ／ 迷迭香　2公克

● ● 做 法

1 所有的材料混合均勻，分割為2等份，將麵糰整理成枕頭狀，靜
置30分鐘。

2 將做法1放入預熱過的烤箱，以180℃焙烤20分鐘。

3 取出做法2放涼後，切片，再以170℃焙烤15分鐘即可。

美·味·絕·招

● 可以添加各種自己喜歡的穀物、葡萄乾，或是加上肉桂粉也可以。

● 切片可切約1至1.5公分厚。

● 烤好的餅乾放涼後，如果存放在密封罐中，約可保存一週左右。

藍莓貝果

風行全球的貝果,是種不含油的低熱量麵包。

由於貝果又名猶太麵包、猶太圈餅,使得大家都誤以為是猶太人的傳統食物,

其實這是奧地利維也納的烘焙師做給拯救維也納的波蘭國王的禮物。

貝果的特色是在烘烤前,會用滾水將成形的麵糰先略煮過,

讓它產生特殊的韌性,吃起來特別有嚼勁。

貝果不但做法簡單,而且變化多樣,可以發揮創意,做出屬於自己的獨家口味。

● ● 材 料

藍莓乾 20公克 ／ 高筋麵粉 250公克 ／ 砂糖 50公克
乾酵母粉 2公克 ／ 蜂蜜 5公克 ／ 鹽 少許

● ● 做 法

1 藍莓乾用適量水浸泡5分鐘。

2 將130公克水加入10公克砂糖攪拌至溶解,再以乾酵母粉略為攪
拌,加入高筋麵粉、鹽搓揉成糰,將藍莓乾揉入麵糰,蓋上保鮮
膜,發酵30分鐘至2倍大,備用。

3 分割麵糰,每個30公克。

4 輕揉麵糰捏成圓環,蓋上保鮮膜,發酵1個小時。

5 取一鍋,加入1000公克水、40公克砂糖、蜂蜜,以大火煮滾,
把發酵好的麵糰放入鍋內汆燙至略為膨脹,即可撈出,時間不宜
超過3分鐘。

6 移入已預熱220℃的烤箱焙烤20分鐘,呈現金黃色即可。

美·味·絕·招

● 如果家中沒有藍莓乾,可以改用葡萄乾。藍莓乾在放入麵糰前,需要擦
乾殘留在果皮上的水分。

● 搓揉麵糰必須要有耐心,用心搓揉、開心等待,才會有更多的美味。

● 一次多做一些,放在冰箱冷凍,可以存放很久。

馬德蓮

在法國，每個法國媽媽都有自己的馬德蓮配方，
我在巴黎街頭，為了尋找這一道美味甜點，花了一週的時間，
最後終於在一個傳統市集中，找到了期待已久的幸福美味。
關於這道點心的由來，有個有趣的傳說，
當時有位壞脾氣的爵士正忙著準備舉辦宴會，甜點廚師卻和他吵架負氣出走。
他擔心沒有準備眾所期待的甜點，會顏面無光，因此詢問家僕們，
是否有人可以幫忙解決問題，此時有位女僕自告奮勇幫忙做點心。
所有賓客品嘗過女僕做的點心後，大為讚賞。
爵士吃過後，也大感驚喜，開心問女僕點心的名稱，結果她因為太過緊張，
以為爵士在問她的姓名，脫口說出：「馬德蓮！」
從此，她的名字就成了這道點心的名字。

● ● 材 料

高筋麵粉　98公克 ／ 大豆蛋白糊　100公克 ／ 蜂蜜　30公克
砂糖　60公克 ／ 泡打粉　3公克 ／ 鹽　少許
無糖豆漿　100公克 ／ 植物性奶油　70公克

● ● 做 法

1 大豆蛋白糊加入蜂蜜、砂糖後，和無糖豆漿一起攪拌均勻。

2 加入高筋麵粉和泡打粉攪打至濃稠，再加入鹽繼續攪拌。

3 分次加入已加熱融解的植物性奶油輕輕拌勻後，用保鮮膜包起
　來，放入冰箱冷藏30分鐘。

4 取出麵糊，填入模具中，移入預熱過的烤箱，以190℃焙烤10至
　15分鐘即可。

美·味·絕·招

● 這道甜點使用的奶油，必須是優質奶油。如果經過一段冷藏時間後，麵
　糊呈現較硬的狀態，這是正常的現象。
● 溶化植物性奶油的方法很簡單，於鍋內隔水加熱即可。
● 要細心地攪拌麵糊，攪拌至十分濃稠，才能做出漂亮的馬德蓮。

禪味
廚房 ④

點心共和國

國家圖書館出版品預行編目資料

點心共和國 / 郭莉蓁著. ── 初版. ── 臺北市：
法鼓文化, 2011. 04
　　面；　公分
　ISBN 978-957-598-549-3（平裝）

1.素食食譜　2.點心食譜

427.31　　　　　　　　　　　100003364

作者／郭莉蓁

攝影／周禎和

出版者／法鼓文化事業股份有限公司

編輯總監／釋果賢

主編／陳重光

編輯／張晴、李金瑛

美術編輯／周家瑤

地址／臺北市北投區公館路186號5樓

電話／(02)2893-4646

傳真／(02)2896-0731

網址／http://www.ddc.com.tw

E-mail／market@ddc.com.tw

讀者服務專線／(02)2896-1600

初版一刷／2011年4月

建議售價／新臺幣300元

郵撥帳號／50013371

戶名／財團法人法鼓山文教基金會─法鼓文化

北美經銷處／紐約東初禪寺

Chan Meditation Center (New York, USA)

Tel ／(718)592-6593

Fax ／(718)592-0717